AUX

EXPOSANTS

DE 1867

SOCIÉTÉ GÉNÉRALE

DE

CRÉDIT

AUX

INVENTIONS

PARIS
E. DENTU, ÉDITEUR
PALAIS-ROYAL, 17 ET 19, GALERIE D'ORLÉANS

1867

AUX EXPOSANTS
DE 1867

SOCIÉTÉ GÉNÉRALE
DE
CRÉDIT AUX INVENTIONS

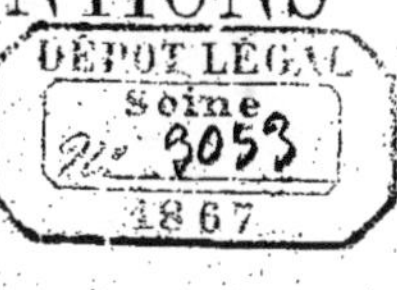

PAR

BARONNET

PARIS
E. DENTU, ÉDITEUR
PALAIS-ROYAL, 17 ET 19, GALERIE D'ORLÉANS

1867

SOCIÉTÉ GÉNÉRALE

DE CRÉDIT

AUX INVENTIONS

SOMMAIRE

I

Exposé

Nous avons conçu le projet de doter notre pays d'une institution nouvelle, la *Société Générale de Crédit aux Inventions*. **Exposé.**

Notre but est de faire disparaître l'espèce d'antagonisme qui existe entre les inventeurs et les capitalistes.

Assurer aux uns l'appui qui leur manque, pour que leurs

découvertes puissent toujours porter leurs fruits, et qu'ils soient sûrs d'en récolter leur légitime part.

Garantir les autres contre toutes les tentations décevantes qui, trop souvent, les portent à donner la préférence à l'utopie fallacieuse sur la découverte simple, grande et féconde, mais incomplètement démontrée.

Si nous atteignons ce but, toute idée utile pourra désormais se produire sans entraves, les capitaux ne courront plus le risque de sombrer avec l'illusion qui les aurait séduits.

Mais, avant d'exposer les bases de notre entreprise et de faire connaître, dans ses détails, le mécanisme de l'institution que nous osons soumettre au jugement du public,

Qu'on nous permette de faire un appel aux hommes de progrès, car le concours de tous nous semble nécessaire à asseoir le succès d'une création dont tous sont appelés à profiter.

Chacun sait que l'humanité eût été mise depuis longtemps en possession de ces découvertes admirables qui se nomment la vapeur, l'électricité, le gaz, etc., si l'idée créatrice n'avait rencontré à son apparition une multitude d'obstacles qui en ont retardé l'éclosion.

Ce qu'on peut dire des inventions mères, on peut le répéter pour les perfectionnements dont elles sont susceptibles.

Nous nous proposons d'entourer les inventions nouvelles de mesures tutélaires et protectrices, et de les faire percer quand même, grâce à la puissance du capital, pourvu toutefois qu'elles aient supporté victorieusement la double épreuve d'un examen scientifique et d'une rigoureuse expérimentation pratique.

Depuis plus de vingt ans nous élaborons cette idée de la création d'une Société de Crédit aux Inventions : elle se trouve formulée dans un acte authentique portant notre signature et daté du 7 juillet 1852 ; mais l'exécution de cet acte fut empêchée par la complication des événements politiques de cette époque. Il y a quelques années, une tentative du même genre eut lieu de la part d'un négociant honorable qui dût reculer devant les dures conditions de la loi de 1863. Force lui fut de reconnaître que l'heure n'était pas encore venue.

Cette idée, si féconde en résultats, n'a donc jamais été appliquée, parce qu'elle ne s'est pas présentée dans sa maturité. Il fallait profiter d'une occasion spéciale pour la faire passer dans le domaine des faits accomplis. Cette occasion nous est offerte par l'Exposition Universelle de 1867, qui réunira au Champ de Mars tous les industriels de l'univers.

Qu'on nous permette donc d'exposer aussi brièvement que possible la suite des considérations qui nous ont amené à formuler notre proposition :

SOCIÉTÉ GÉNÉRALE

DE CRÉDIT

AUX INVENTIONS

II

Considérations préliminaires

Considérations préliminaires

Grâce aux progrès accomplis depuis l'époque mémorable où nos pères rompirent en visière avec la routine et le préjugé, nous pouvons aujourd'hui glorifier un principe, lorsqu'il nous paraît basé sur la vérité, riche d'avenir et profitable à l'humanité.

Encore que la formule de ce principe ne soit pas tout à fait orthodoxe à certains yeux, on nous écoutera, néanmoins, sans que nous ayons à craindre les étreintes de la hart ou à redouter les ardeurs du fagot.

Le temps n'est plus où l'illustre Galilée était obligé de rétracter sa fameuse proposition de la terre tournant autour du soleil, parce qu'elle était contraire au texte des *Ecritures*, — et le moment approche où l'on reconnaîtra d'un accord unanime que s'il s'éleva jamais parmi nous une voix impie, ce fut celle qui osa proclamer que le travail est un châtiment infligé à l'homme, qu'il est une dégradation !

Sans le travail, l'homme serait le plus disgracié des êtres.

Moins fort et moins agile que la plupart des animaux, privé des armes offensives et défensives qui sont leur apanage, il semblait tout d'abord destiné à devenir pour eux une proie facile et assurée.

Et cependant, il portait haut la tête, tandis que tous, autour de lui, courbaient humblement le front vers la terre.

C'est qu'en effet, la tête humaine est le creuset au fond duquel le créateur a déposé le secret de sa propre puissance.

Elle renferme l'idée !

Doué de jugement, c'est-à-dire de cette faculté merveilleuse qui lui permet de comparer les faits, l'homme devait apprécier la valeur de chaque être et trouver mille combinaisons à l'aide desquelles il pût les faire servir tous à l'accomplissement d'un but unique : l'assujétissement de la nature, et sa propre domination sur l'universalité de la matière.

Aussi chacune de ses découvertes a-t-elle reçu le nom d'invention (*Invenire, trouver*).

L'invention, c'est l'idée se manifestant par des résultats vainqueurs.

L'homme ne crée pas. Tout existe, mais il pense, il médite, il combine, il invente, puis, il applique les forces naturelles à la réalisation des conceptions de son intelligence et son travail est complet.

Sans le travail, l'homme fût non-seulement resté l'inférieur de la brute, mais faible, nu, désarmé ; en présence d'une multitude d'ennemis menaçants, il eût été promptement anéanti. Son espèce n'eût pas atteint la seconde génération sur la terre qu'il était appelé à conquérir et à gouverner.

Grâce au travail, l'homme put se compléter lui-même en se faisant un auxiliaire de chacune des forces vives de la nature.

Loin d'être un châtiment, le travail est donc le plus noble des attributs de l'humanité, c'est la plus sublime de ses prérogatives, c'est le couronnement de la création qui, sans lui, fut restée stérile.

Mais, nous l'avons dit : dans tout travail, il faut distinguer l'invention et l'exécution.

Sans l'idée, sans l'invention, tout travail est nul et sans utilité. — Sans exécution, toute idée, toute invention reste vaine et stérile.

La mission de l'homme sur la terre, la grande tâche qui lui est imposée, est donc celle de donner un corps à ses idées, de compléter ses découvertes par leur application pratique. — Découvrir les lois naturelles et les appliquer, telles sont les deux grandes fonctions confiées à l'humanité.

Comment se fait-il donc qu'à l'instant où nous écrivons ces lignes, il se trouve encore tant de gens qui n'ont que mépris et dédain pour les inventeurs, ces *hommes à idées*, véritables pionniers du progrès humain, sans qui l'espèce entière, privée des conquêtes qui font sa force, sa richesse et sa gloire, serait encore plongée dans les ténèbres de la barbarie et assujétie à toutes les misères de l'ignorance et de la pauvreté?

Croirait-on, par hasard, que l'intelligence humaine ait dit son dernier mot, et qu'il soit inutile de chercher à étendre le cercle de notre empire sur la matière?

La science a-t-elle atteint les dernières limites de sa puissance? ne nous reste-t-il plus à dompter aucun agent rebelle? ne devons-nous plus espérer de ravir à la nature quelques-uns de ces secrets merveilleux dont l'usage vienne accroître notre bien-être, et dont la possession puisse augmenter notre puissance?

Hélas! il suffit de jeter un regard autour de nous pour se convaincre du petit nombre des conquêtes que nous avons menées à bien depuis les temps les plus reculés; il suffit de voir combien est imparfait le peu que nous possédons pour être confondu dans notre orgueil!

Hier encore nous connaissions la vapeur, et nous ne savions pas la maîtriser. L'électricité se montre rebelle en maintes circonstances. La lumière du gaz est destinée à disparaître; et nous sommes complétement inhabiles à gouverner les eaux, les vents et tant d'autres forces naturelles dont nous connaissons à peine l'existence, sans soupçonner le moins du monde le parti que nous en pourrions tirer.

Et c'est quand tout nous dit que le règne de l'inventeur est à peine commencé, c'est quand nous sentons combien l'humanité toute entière a besoin des lumières que lui seul peut fournir, que nous affectons d'accabler les chercheurs sous nos dédains; que nous les frappons d'une sorte d'ostracisme, les regardant, pour ainsi dire, comme une tribu de monomanes dont il faut fuir le contact.

Quelle erreur! quel aveuglement! quel fatal préjugé! Quelles douloureuses et regrettables conséquences en sont issues! Combien d'éminentes découvertes furent étouffées en leur germe; combien d'inventions et de perfectionnements ont été retardés pendant des siècles, impuissants à triompher de ce dédain stupide qui les accueillait.

Eh bien! pour faire cesser cet état de choses, pour rendre à l'inventeur toute sa puissance créatrice, le placer sous son jour véritable et le mettre à même de faire apprécier toute la valeur de ses découvertes, il suffirait de trouver l'argent nécessaire à l'expérimentation de son idée.

Dès lors, le capitaliste averti serait mis en garde contre les utopistes. A quiconque réclamerait son concours, il demanderait un certificat d'expérimentation, et fermerait l'oreille à toute réquisition qui ne pourrait produire cette garantie. Mais, qui fera les fonds d'une pareille entreprise? car, il ne faut pas se le dissimuler, il y a telle découverte qui, pour arriver à la démonstration complète de son utilité économique et pratique, exigera l'emploi de sommes importantes.

Ce que ne peut faire, ce que ne doit même pas tenter de faire un simple particulier, dont le dévouement pourrait entraîner la ruine, l'association a le droit, la puissance et, disons mieux, le devoir de l'accomplir.

Eh bien! 12,000 exposants, tous plus ou moins inventeurs, vont providentiellement venir de tous les points du globe se réunir au Champ-de-Mars, à Paris.

C'est à eux que nous poserons cette simple question :

Vous qui représentez la force et la grandeur de l'esprit inventif de l'homme; vous qui n'êtes riches et puissants que par l'invention, vous séparerez-vous sans avoir rien fait pour l'inventeur?

Il dépend de vous de fixer les destinées du monde industriel. Il dépend de vous de faire en sorte que toute idée utile puisse se produire sans entraves, et qu'il ne puisse à l'avenir se produire que des idées utiles ayant un caractère pratique, et dont l'expérimentation aura préalablement démontré la valeur.

Associez-vous; formez une Société anonyme, patronez la souscription d'un capital de 60 millions, et, grâce à cette puissance, vous arriverez immédiatement au but.

Dès 1855, l'auteur de cette modeste brochure fit parvenir, indirectement, à l'Empereur un mémoire spécial sur cet objet. Cette pensée fut favorablement accueillie; les circonstances seules n'ont pas permis de la réaliser.

L'Empereur a de nouveau témoigné sa sympathie pour cette œuvre vraiment nationale, sur laquelle un éminent sénateur a bien voulu rappeler son attention le 14 mars dernier.

Fort de cet accueil, l'auteur se propose aujourd'hui de vous convier tous à l'honneur de participer à l'accomplissemet d'une entreprise que nulle nation n'a jamais essayé d'exécuter, persuadé que l'institution qu'il veut fonder deviendra le berceau d'une infinité de conquêtes nouvelles et que son action exercera la plus heureuse influence sur les destinées du monde entier.

N'est-il pas juste que ce soient les représentants les plus intelligents de la civilisation moderne qui, de leurs mains généreuses, ouvrent un nouveau champ d'activité aux ouvriers de l'avenir ?

C'est donc aux intéressés eux-mêmes, c'est-à-dire à MM. les Exposants de 1867, que nous devons aujourd'hui soumettre nos vues.

Oui, sans doute : mais, pour l'honneur de notre pays, il nous paraissait utile que cette entreprise fût patronée par la Commission Impériale de l'Exposition universelle. C'est dans ce but que nous adressâmes à cette Commission notre lettre du 3 décembre 1866.

Par les réponses qui nous ont été faites les 15 et 31 janvier 1867, et qu'on lira pages 46 et suivantes, on verra que, déclinant toute participation à notre œuvre, la Commission nous en laisse la responsabilité, tout en appréciant la valeur de notre idée.

Pour mieux nous rendre compte de l'état fâcheux de la situation actuelle et du pas immense qu'il faut franchir, jetons un regard sur la triste position faite à l'inventeur et voyons quelles améliorations pourraient y être apportées par la création de la Société de Crédit aux Inventions.

Le vice radical, c'est LE DÉFAUT D'ARGENT !

III

Le défaut d'argent.

Le défaut d'argent

Dans nos Sociétés, c'est le capital qui fait défaut à l'inventeur, l'empêche d'exécuter ses conceptions et le prive, même lorsqu'il a réussi à se faire breveter, de tirer de son invention la part rémunératrice à laquelle il aurait droit de prétendre s'il était assez riche pour exploiter directement son brevet. C'est le défaut d'argent qui le met à la discrétion du spéculateur toujours prêt à s'emparer des profits de la découverte.

Le défaut d'argent cause la plupart des déchéances encourues par l'inventeur qui n'a pas fait application de son brevet dans les deux années qui suivent la date de son obtention.

Sur 2,500 brevets pris tous les ans en France, moins de 200 payent leur deuxième annuité.

2,300 brevets tombent donc en défaillance tous les ans !

Est-ce à dire que cette multitude d'inventions étaient sans valeur ? Evidemment non : et nous avons pu nous convaincre du contraire en étudiant leurs descriptions dans les bureaux du Ministère du Commerce.

Ces déchéances ne sont dues, pour la plupart, qu'au défaut de ressources du breveté, trop pauvre pour payer son annuité.

Le plus souvent, l'inventeur s'est ruiné par anticipation par des emprunts successifs, tant pour suivre ses expériences que pour prendre son brevet ; et, la deuxième année venue, les fonds lui manquent pour aller plus loin.

C'est en vain que certains optimistes nous objecteront qu'un bon brevet trouve toujours un bailleur de fonds.

Oui, sans doute, mais à quelles conditions ? — Trop heureux l'inventeur qui ne laisse aux mains des hommes d'argent que les neuf-dixièmes des bénéfices de l'entreprise. — Il n'est pas rare de le voir totalement évincé par ceux qui ne lui ont fourni les premiers fonds que pour organiser contre lui l'exploitation de son brevet.

A ces conditions-là, un bon brevet trouve toujours de l'argent, mieux vaudrait, hélas! qu'il n'en n'eût jamais trouvé.

IV

Souvent un bon brevet ne peut réussir.

Souvent un bon brevet ne peut réussir

Une autre cause d'insuccès, et nous rougissons de l'avouer, se rencontre trop souvent dans l'esprit de jalousie et de rivalité qui anime certains chefs d'industrie.

Vous adressez-vous à des ingénieurs pourvus d'un titre officiel, — vous n'êtes pas de leur Église, il est impossible que vous ayez trouvé la vérité qui leur a échappé. — Plus votre découverte aura d'importance, plus on vous abreuvera de dégoûts et de rebuffades.

On s'arrangera de manière à vous faire atteindre l'époque fatale de l'expiration de votre brevet, heureux encore si vous n'avez pas la douleur de voir, à quelque temps de là, votre découverte exploitée sous le nom de l'habile administrateur qui vous aura ruiné.

Comme ce que nous venons de dire pourrait paraître empreint d'un certain caractère d'exagération, qu'on nous permette de le justifier.

Nous avons en main des mémoires relatifs à d'excellents brevets qui ont reçu les honneurs de l'expérimentation de la part de grandes compagnies, mais celles-ci apportant délais sur délais à l'adoption définitive de l'invention, ces brevets arrivent au terme de leur durée, sans avoir été mis en application ; d'ajournement en ajournements, la signature du traité est indéfiniment reculée.

Comment lutter contre une telle force d'inertie ? c'est impossible.

En voici deux exemples :

MM. C. P. et Ce ont expérimenté depuis sept ans, sur une ligne de chemin de fer, des traverses elliptiques en fer pour remplacer les traverses en bois.

Les traverses de fer coûtent le même prix que celles en bois, 16,800 fr. par kilomètre de voie double.

Les traverses en bois durent sept ans, celles en fer peuvent durer un siècle (dit-on).

Il y a donc, par la durée, une économie de plus de quatorze fois le prix de la première dépense ; soit une économie reconnue de 235,000 fr. par kilomètre.

Ajoutons que l'entretien annuel des traverses en fer coûte moitié moins que celui des traverses en bois.

Les certificats d'épreuve sont signés par des ingénieurs officiels, par un ingénieur en chef des Ponts-et-Chaussées.

Cependant on n'applique pas ce brevet expérimenté avec succès depuis sept ans. Pourquoi cela ? Il y a une raison sans doute, quelle est-elle ? C'est triste à dire, mais c'est le Conseil d'administration qui oppose cette force d'inertie à la conclusion de l'affaire.

Espère-t-on atteindre l'époque de la prescription du brevet, ou cela tient-il à ce que l'avenir a été engagé par d'énormes approvisionnements de traverses en bois qu'on veut écouler, coûte que coûte ?

Un autre inventeur présente un système qui supprime le graissage des wagons.

Les six grandes Compagnies de chemins français dépensent à cet usage 10 millions de francs par an.

L'économie est radicale, puisqu'on n'emploiera plus de graisse.

Un wagon de ce système, chargé de 10,000 kilogrammes de marchandises, a fonctionné sur un chemin français. Il n'a jamais reçu de graisse. L'expérience est concluante.

Les ingénieurs le plus haut placés ont reconnu que l'économie de traction était de 75 0/0 sur les roues à graisse.

Eh bien, l'inventeur ne peut obtenir un rapport officiel, lequel lui permettrait de trouver des capitaux.

A quoi veut-on aboutir par ces atermoiements ? Espère-t-on être délié de tous engagements à l'expiration du brevet qui a déjà six ans de date ? Ne serait-ce pas le plus sûr moyen de priver l'inventeur des fruits de sa découverte?

Dans cette appréhension, l'inventeur, s'appuyant sur la constatation des résultats obtenus, s'est adressé à M. Béhic, alors ministre des travaux publics, demandant l'autorisation d'appliquer son système à six wagons de la Compagnie du chemin de fer de Lyon.

Le conseil d'administration de la Compagnie n'a pas osé décliner formellement cette offre. Mais qu'a-t-il fait? Il a laissé jusqu'ici la demande sans réponse, ce silence n'est-il pas la preuve d'un mauvais vouloir évident.

Il est vrai que le breveté a eu l'imprudence d'avancer qu'il supprimerait l'emploi de la vapeur et qu'il s'est même engagé, par écrit, à conduire vingt wagons jusqu'à Marseille sans le secours de la vapeur. — Alors tout s'explique. — Le monde entier pourrait trouver d'immenses avantages à cette réforme, mais que deviendraient les possesseurs de mines de houille? — Quel serait le sort de MM. les administrateurs des grandes Compagnies, qui se trouvent si bien de l'exploitation des lignes qui leur sont confiées? Il y a sans doute là de quoi les faire réfléchir : ils savent bien que la vérité triomphera tôt ou tard, mais ils disent, comme le *bon* roi Louis XV : après nous la fin du monde! et ils réservent à l'avenir la solution du terrible problème.

Nous pourrions multiplier les exemples, si le cadre restreint de cette brochure le permettait.

Ah! si les inventeurs pouvaient compter sur le concours efficace des gros capitaux, on leur prêterait sans doute une oreille plus attentive. Mais puisque le manque d'argent les retient dans une telle infériorité, n'est-il pas temps de leur crier : Associez-vous ! Créez la CAISSE DU CRÉDIT AUX INVENTIONS.

V

L'Inventeur est un mauvais gérant.

L'Inventeur est un mauvais gérant

De ce que l'inventeur est digne de sympathie, et quoi qu'il nous paraisse du devoir de tous de l'aider, afin de jouir nous-mêmes des fruits de son génie, il ne s'en suit pas que nous soyons disposé à lui attribuer tous les mérites, ni que nous ayons la moindre intention de conseiller aux détenteurs de numéraire de se livrer à lui sans réserve.

Loin de là, il y a pour nous un abîme entre la création d'une affaire et sa conduite. — Inventer et exploiter une invention sont deux choses fort différentes qui, d'ordinaire, s'accouplent fort mal au même char.

Le chercheur, celui que nous appelons trop légèrement l'*homme à idées*, se préoccupe trop peu des détails onéreux qu'entraîne forcément l'exécution de sa découverte. Il manque souvent d'expérience en affaires. Toujours soumis aux obsessions du génie de l'invention qui le domine, il erre parfois dans les nuages de l'idéal et ne sait pas toujours descendre jusqu'aux détails prudents et minutieux du négoce

Il ne se préoccupe pas assez des dépenses irréfléchies que son défaut d'expérience lui fait exagérer, parce qu'il ne voit que les millions que doit lui procurer sa découverte.

Il fait trop facilement bon marché des petites économies, qui lui semblent des misères, et sont pourtant d'une si haute importance.

Bref, l'inventeur n'est que trop souvent un fort mauvais gérant, toujours porté à considérer l'actionnaire comme *une machine à écus* dont l'unique mission serait d'assurer la glorification de l'idée. — Que lui parlez-vous d'économies et de bénéfices ; ce qu'il faut, avant tout, c'est *faire parler la science*. — Ce propos, nous l'avons entendu de nos propres oreilles ; aussi nous croira-t-on sans peine, si nous ajoutons que nous avons vu plus de vingt fois les meilleures entreprises sombrer entre les mains inhabiles d'inventeurs doués de haute intelligence, mais tout à fait inexperts en matière commerciale.

Autant donc il est regrettable de voir l'argent faire défaut à l'inventeur, autant il pourrait être dangereux de lui confier la conduite et l'exploitation de l'entreprise à laquelle sa propre découverte doit servir de base.

Chose étonnante cependant : une idée fixe chez la plupart des inventeurs, c'est la prétention d'être seuls capables de diriger l'exploitation de leur découverte. L'inventeur s'illusionne au point d'être persuadé qu'il n'y a que lui au monde qui soit apte à tirer commercialement de son idée tout le parti possible. — Eh bien, c'est à ce signe qu'on reconnaîtra qu'il est indispensable de confier la direction de l'entreprise à des mains plus calmes et moins prévenues. Là est le salut.

Aussi n'avons-nous jamais prétendu qu'il y eût nécessité pour le capital de se mettre à la discrétion de l'inventeur.

Le capitaliste doit dans son propre intérêt comme dans l'intérêt de tous, s'empresser de féconder les découvertes utiles et de favoriser leur développement en venant au secours de l'inventeur, parce qu'il faut que la question d'argent ne soit jamais un obstacle infranchissable pour le génie créateur.

Mais le capitaliste doit aussi se réserver le choix d'un bon gérant, c'est lui qui doit nommer les membres du conseil de surveillance ou d'administration, et cette prérogative, dont il ne doit se dessaisir en aucun cas, suffira toujours à préserver l'inventeur de lui-même et à protéger les commanditaires contre toute imprudence et toute catastrophe. — Souvenons-nous de cet adage si plein de vérité : *Ce ne sont pas les affaires qui manquent à l'homme, c'est toujours l'homme qui manque aux affaires.*

Redisons-le donc : Tout en accordant à l'inventeur les fonds indispensables à la manifestation et aux développements de son idée, il est juste et sage d'apprécier sa capacité administrative et commerciale, et, s'il le faut, on ne doit pas hésiter à lui substituer un gérant plus capable de bien conduire les affaires et de bien administrer l'entreprise.

Un gérant débarrasse l'inventeur des soins de l'administration et lui laisse tout son temps qu'il emploie exclusivement à surveiller l'application de sa découverte. C'est un point très-important pour le succès.

Le gérant peut s'occuper plus activement des contrefaçons qui pourraient surgir contre l'invention.

L'inventeur n'aura plus à sacrifier un temps précieux pour s'en défendre. C'est l'œuvre de l'administrateur de la société.

———

VI

De la propriété de l'invention.

De la propriété de l'invention

L'inventeur qui découvre, dans la nature, une force de

production ignorée, jusqu'à lui, accroît le bien-être de tous en agrandissant la fortune du genre humain.

Le respect pour les droits acquis par le travail est un des fondements de tout ordre social.

Les lois humaines n'ont pas mission de détruire le respect de cette propriété de l'inventeur, propriété qui n'est que temporaire, puisque, quinze ans après, la société s'en empare. Mais précisément parce qu'elle n'est que temporaire, il faut la respecter davantage.

La propriété, qui est le repos, et le travail, qui est le mouvement, doivent co-exister. Les deux se garantissent mutuellement.

L'inventeur vit de son travail qui profite à tous. Ses produits doivent être livrés librement et à l'abri d'une contrefaçon inique et ruineuse.

Voilà le droit. Protection à l'inventeur. Respect à sa propriété. Elle lui appartient *privativement*, dit la loi du 7 janvier 1791.

Il est utile à l'humanité, c'est là son titre.

Il faut que le public le récompense de ses frais et de son labeur, mais à la condition qu'il sera vraiment l'inventeur et le premier applicateur industriel de son invention.

VII

De la Contrefaçon.

De la contrefaçon

Nous venons de le dire, il serait souvent dangereux de remettre l'exploitation d'un brevet aux soins d'un inventeur; ajoutons, toutefois, qu'il est prudent, qu'il est utile de l'intéresser fortement au succès de l'entreprise. Sans cette précaution, l'inventeur, s'il est honnête, se laissera aller au dégoût ; il ne s'occupera plus d'une affaire qu'il considérera presque comme celle des autres et non comme étant sienne. S'il est malhonnête, il suscitera mille difficultés, mille contrariétés, mille procès ; de toutes parts surgiront des contrefaçons dont il sera l'âme, sans qu'on puisse le lui prouver, et le capital engagé dans l'entreprise sera sans cesse compromis.

Mais la véritable et la plus redoutable source des contrefaçons se rencontre dans la loi sur les brevets, qu'on suppose protéger l'industrie.

En effet, la loi permet à tout citoyen de prendre un brevet selon son caprice et sans que l'objet de l'invention soit soumis à aucun contrôle, ni même à aucun examen. Ainsi s'est trouvée singulièrement surexcitée la convoitise des contrefacteurs.

Le principe de liberté qui animait le législateur a passé à côté du bien qu'on espérait voir résulter de la loi. Et le gouvernement crut en esquiver la responsabilité, en refusant d'accorder sa garantie aux inventions brevetées.

Il a reculé devant la nécessité de dire au capital : Voici une découverte réelle, ses résultats sont tangibles, je réponds de la sincérité de l'inventeur et de l'efficacité de l'invention.

Pour tenir un pareil langage, il eût dû sans doute s'imposer d'immenses travaux de recherche, et de lourds sacrifices d'expérimentation ? il eût fallu créer, pour ainsi dire, tout un *Ministère de l'Industrie*. Mais alors on eût vu moins de contrefacteurs que de faux monnayeurs.

Eh bien ! nous n'hésitons pas à le proclamer : cette tâche, si lourde qu'elle effraya le gouvernement d'alors, nous voulons l'entreprendre ; car, après l'avoir étudiée à tous les points de vue, après en avoir analysé toutes les prétendues difficultés, nous avons reconnu que ce fantôme était comme tant d'autres, qu'il n'avait pas de corps et qu'il s'évanouissait de lui-même dès qu'on était assez hardi pour y porter la main.

Ce sera donc l'honneur de la *Société de Crédit aux Inventions*, d'avoir fait cesser le règne de la contrefaçon, en donnant sa garantie aux découvertes qu'elle aura patronnées.

En effet, notre société est destinée à réformer ce que la loi de 1844 a de fâcheux en soumettant tout brevet à un examen scrupuleux, sincère et loyal. En recherchant l'origine de l'invention et en la soumettant elle-même à une expérimentation rigoureuse, la société lui donnera comme un baptême de science et de loyauté; son certificat servira de passeport à la découverte si elle est utile et vraie. Par l'absence de ce certificat, la prétendue invention sera étouffée à sa naissance, si elle est entachée de plagiat ou n'offre que le caractère d'un mirage trompeur.

Un brevet ne pourra plus trouver de capitaux s'il n'est accompagné du certificat d'expérimentation de la *Société de Crédit aux Inventions*. Là sera la garantie, et justice sera faite des folles utopies et des inventions volées.

Il faut bien le reconnaître, trop de brevetés ont entraîné dans des opérations irréfléchies des capitalistes qui étaient dans l'impossibilité de faire un examen sérieux de la valeur et de la nouveauté de l'invention.

Ce qui fait que des déceptions, trop réitérées, ont légitimé la timorité du capital à l'endroit du brevet.

La plupart du temps, les brevets mal étudiés engendrent des procès désastreux qui donnent plus d'ouvrage aux avocats qu'aux ouvriers.

Un de nos honorables fabricants a soutenu deux cent dix procès en dix ans.

Disons tout, au risque de faire froncer le sourcil aux inventeurs : il en est quelques-uns qui sont difficiles dans leurs relations d'affaires, qui ne voient dans le capitaliste qu'un ennemi dont ils se défient; qui, n'ayant jamais rêvé que millions, sont tout étonnés de ne pas les toucher dès le début.

Le breveté a besoin d'être lié par un contrat presque sévère, et cela, dans son intérêt.

Si son traité l'attache fortement à son brevet, il n'hésite plus, il travaille à la prospérité commune; dans le cas contraire, c'est lui qui est le despote de l'opération; il est le maître absolu. Il fait et défait son œuvre; il dévore le capital engagé avant d'avoir produit, avant même d'avoir complété l'invention. Si le petit capitaliste ne peut plus soutenir les dépenses, le breveté brise son ouvrage et tous deux sont ruinés sans miséricorde.

VIII

Emigration des Inventions.

Emigration des Inventions

On a vu que la défiance réciproque qui existe malheureusement entre les inventeurs et les capitalistes français, causait le plus grave préjudice à l'industrie nationale en faisant le vide autour de l'inventeur, toujours à la recherche de l'argent qui le fuit.

Cette défiance produit encore ce résultat fâcheux qu'elle oblige l'inventeur à sortir de France pour aller chercher à l'étranger les capitaux qu'on lui refuse dans la mère-patrie.

C'est l'Angleterre qui a profité jusqu'à ce jour dans la plus large proportion des bénéfices que l'étranger retire de cette émigration des inventions françaises, et c'est en quelque sorte justice, parce que non-seulement le brevet anglais offre plus de solidité que le nôtre, étant mieux protégé par la loi, mais encore et surtout parce que la nation anglaise ne marchande pas comme nous le capital nécesssaire à la réussite d'une affaire. Dès qu'une découverte a été jugée utile et féconde, elle ne périclitera jamais dans une main anglaise. Celle-ci saura l'étayer de toute la puissance financière désirable : elle sacrifiera dix fois le montant de ce que l'exploitation de l'idée doit rapporter annuellement, plutôt que de la laisser défaillir. Les résultats, tout tardifs qu'ils soient, couvriront largement toutes les dépenses en laissant d'importants bénéfices. Ce dévouement intelligent du capital est, sans aucun doute, un des plus beaux côtés de la puissance commerciale de l'Angleterre, et nous ne pouvons nous dispenser de lui rendre hommage. Les Anglais ont le génie du capital et le poussent au suprême degré. Le cable transatlantique cassé, les millions perdus, ne les ont pas rebutés. D'autres millions ont été trouvés, et ils ont triomphé de tout : ils ont relié les deux hémisphères.

Chez nous, au contraire, on a bien de la peine à trouver 500,000 francs pour l'exploitation d'une affaire qui exigerait un million pour être menée à bonne fin, et c'est toujours au moment décisif, alors que la moisson est mûre, que manquent les derniers billets de mille francs nécessaires à la cueillir. Aussi qu'arrive-t-il ? l'affaire tombe pour être ramassée par d'autres. Inventeurs et commanditaires sont ruinés au profit d'étrangers qui s'emparent de l'idée, la relèvent et la font fructifier par l'appui de nouveaux et intelligents capitaux.

Supposez la *Société de Crédit aux Inventions* en activité, aucune de ces tristes alternatives n'est plus à redouter. Inventeurs et capitalistes sont à l'abri de toute défaillance. Les capitaux ne leur manqueront pas plus pour établir et créer une affaire que pour assurer ses développements et la conduire à bon port.

IX

Spoliation du brevet français à l'étranger

Spoliation du brevet français à l'étranger

Nous avons entendu bien des fois de malheureux inventeurs se plaindre d'avoir été dépouillés du fruit de leur découverte par l'étranger. Leur idée n'aboutissait en France à aucun résultat, tandis que d'autres s'enrichissaient par l'habile exploitation de la même idée, brevetée à l'étranger contre toute justice et au mépris des droits réels du véritable inventeur.

Ces plaintes ne sont que trop fondées, nous devons le reconnaître. Mais il ne faut attribuer ce douloureux état de choses qu'au vice de notre législation d'abord, et ensuite à ce manque de grandeur que nous reprochions plus haut à notre caractère national, au sujet de la parcimonie avec laquelle nous distribuons aux inventions industrielles le peu de capitaux que nous leur accordons.

Un Français fait une découverte importante : il prend un brevet d'invention de quinze ans, pour la France seulement, parce que le défaut d'argent ne lui permet pas de produire simultanément sa demande sur diverses places européennes, encore moins outre-mer.

La loi lui accorde deux ans pour faire application de son brevet avant de le frapper de déchéance.

Il s'imagine qu'avant d'avoir atteint ce terme il trouvera facilement les fonds dont il a besoin.

Il commence par s'occuper de revoir son invention et d'y mettre la dernière main, pour la rendre plus présentable ; puis, il se met à la recherche de l'oiseau rare, *rara avis*, du capitaliste qui lui permettra de se faire breveter à l'étranger.

Cette recherche est longue et difficile ; le temps se passe ; il faut faire des sacrifices et des concessions sur lesquelles il n'avait pas compté ; mais, enfin, il a réussi : l'argent de son associé est dans sa poche ; il part pour Londres, Berlin ou Saint-Pétersbourg, selon qu'il veut se faire breveter en Angleterre, en Prusse ou en Russie. Prenons l'Angleterre pour exemple. Quelle déception ! Pendant qu'il cherchait des fonds à Paris pour payer son voyage et sa *patente* à Londres, un Anglais s'est fait patenter lui-même pour une découverte identique. Il est vrai qu'elle porte un autre nom scientifique ou technique, mais c'est bien la même idée, son idée à lui, cette idée sur laquelle il a pâli pendant des années. Comment cela se peut-il ?

La chose est simple, cependant.

Certaines agences spéciales entretiennent à Paris des représentants qui n'ont pas autre chose à faire que de se tenir au courant de toutes les demandes de brevet : et comme la loi française oblige l'inventeur à faire une description exacte de l'objet de sa demande et même à en fournir les dessins, l'idée volée a été transmise à Londres ; et, pendant que notre compatriote s'évertuait à chercher l'argent qui devait payer son brevet étranger, sa découverte était soumise à des ingénieurs anglais qui la transformaient, la perfectionnaient même quelquefois, et la mettaient incontinent en exploitation, après l'avoir baptisée d'un nom anglais, presque synonyme du nom qu'elle avait primitivement reçu de l'inventeur lui-même.

Que faire alors ? Attaquer les usurpateurs devant les tribunaux du pays ; quelle sera l'issue de cette instance si naturelle ? Comment prouvera-t-il qu'il a raison, et quelle garantie d'impartialité lui offre la justice locale, qu'un sentiment exagéré de patriotisme porte presque toujours à protéger l'indigène ? Et s'il perd son procès, cependant, non-seulement les marchés anglais lui seront fermés, comme ils le sont déjà, mais encore, atteint et convaincu de s'être fait breveter pour une invention non encore appliquée par lui, et déjà exploitée à l'étranger, il court le risque d'être déchu même en France ! Il faut donc se taire, et c'est le triste parti que prennent, hélas ! les neuf dixièmes des inventeurs volés à l'étranger.

Tel est le sort le plus ordinaire de nos principales découvertes.

X

Inconvénients évités par la Société de Crédit aux Inventions

Inconvénients évités par la Société de Crédit aux Inventions

La création de la *Société de Crédit aux Inventions* ferait cesser ces odieuses usurpations. Grâces à l'abondance des capitaux dont elle pourrait disposer, un brevet, pour peu qu'il fût riche d'avenir, serait déclaré *simultanément* à la chancellerie de toutes les capitales importantes de l'Europe ; et, partout où il y aurait intérêt à le faire, la demande de brevet serait présentée le même jour et à la même heure qu'à Paris.

Ajoutons ici que, par la même raison et en vertu de la force qu'elle puisera dans son propre capital, la Société se gardera bien de jamais laisser tomber un brevet de premier mérite dans le domaine public, faute d'avoir acquitté le montant de l'annuité pendant la durée de son privilége. Elle est bien longue, cependant, la liste des grands brevets qui sont tombés sous cette fatale clause de la loi, et les découvertes qui ont enrichi l'humanité n'ont pas toujours fait les délices de leurs auteurs.

Exemples :

1° Lebon, en 1780, trouva l'idée de faire servir le gaz que l'on recueille par la combustion du bois, à l'éclairage public ; il prit un brevet en 1799 pour un appareil qu'il désigna sous le nom de *thermolampe*, et malgré les expériences coûteuses qu'il fit de 1799 à 1802, expériences où il se ruina, il ne put, seul et isolé, triompher de l'indifférence publique.

Pendant que Lebon dépensait inutilement son énergie et sa fortune à faire réussir son invention et échouait dans ses tentatives, un ingénieur anglais, ayant vu à Paris les expériences de Lebon, fit, de retour en Angleterre, des expériences identiques et, loin de rencontrer des difficultés, il réussit brillamment. En 1805, l'éclairage par le gaz étant adopté en Angleterre, ce fut un Allemand du nom de Winsor qui, le premier, fonda une grande Compagnie pour l'exploitation de l'idée. Ce même Winsor vint à Paris en 1817, et dès 1820 il établit, à l'instar de la Compagnie anglaise, la première Société au capital de 1,200,000 fr.

2° Un chimiste français, nommé Leblanc, trouve un procédé pour transformer le sel marin en carbonate de soude, et la soude devient la source d'un commerce qui fait la richesse du pays. Mais jamais, du vivant de Leblanc, sa découverte ne put recevoir d'application faute de fonds suffisants pour l'exploiter commercialement !

3° Philippe de Girard, inventeur de la machine à filer le lin, n'a jamais pu faire admettre sa découverte par ses compatriotes. Il émigre avec son invention qui nous revint plus tard comme étant d'origine anglaise.

Cette industrie produit aujourd'hui des centaines de millions. Mais Philippe de Girard est mort pauvre et ignoré.

4° En 1825, un Français, du nom de Perrot, invente une machine à imprimer les papiers peints et les toiles peintes ; — pendant les quinze années de la durée de son brevet, il ne peut parvenir à en faire l'application, faute de fonds. — Cette invention rend de tels services qu'elle est mise en usage aujourd'hui partout et qu'on ne peut plus s'en passer.

5° Fourneyron, ingénieur français, invente les turbines; il lutte pendant six ans avant de pouvoir réussir à en établir une seule. — Sa découverte tombe en déchéance au bout de deux ans, faute d'application, et aujourd'hui nous voyons les turbines faire la fortune de toutes les usines qui s'en servent.

6° Enfin Watt, l'illustre James Watt, après avoir trouvé la machine à vapeur à simple effet, se vit menacé de perdre le fruit de ses longs travaux. Les propriétaires des mines, qui se servaient gratuitement de ses machines, en lui payant le tiers du combustible économisé par leur emploi, jaloux du bénéfice qu'il retire de son invention, lui firent un procès en déchéance de son brevet. Watt perdit sa cause, malgré la justice de ses droits.

Ce ne fut qu'après dix ans de luttes contre ses spoliateurs, dix années perdues pour l'industrie, que Watt fut remis, en 1799, en possession de son brevet.

Le célèbre inventeur n'est sauvé de la misère et de l'oubli que par la générosité du Parlement, qui viole les lois du royaume pour donner à son brevet une durée supplémentaire de vingt-cinq années. — Grâces à cette patriotique décision, James Watt réussit enfin ; sa découverte lui procure une fortune colossale.

Est-il besoin de faire remarquer que si la *Société de Crédit aux Inventions* eût existé au temps des Lebon, des Girard, des Perrot et autres, l'Europe entière eût profité de leurs découvertes, sans être obligée de perdre six, dix et quinze ans à attendre que ces grands hommes pussent réaliser leur pensée ?

Quel tort immense, cependant, ce retard de dix et quinze ans ne nous a-t-il pas fait à tous ?

Les conséquences d'un pareil temps d'arrêt sont incalculables. Pour pouvoir se faire une idée de la marche de l'esprit inventif, il suffit de voir le chemin parcouru par une invention, une fois admise. Combien ne subit-elle pas de perfectionnements en quinze années ! Qu'étaient la navigation à vapeur et la télégraphie électrique, il y a quinze ans? Où en seront-elles dans quinze ans d'ici?

Eh bien ! ce préjudice est de peu d'importance, si on le compare à celui que nous a causé depuis des milliers d'années l'impossibilité où se sont trouvés d'autres inventeurs de faire connaître leurs découvertes. On peut affirmer sans crainte que le nombre des inventions entièrement perdues, par suite du dénuement des inventeurs, est infiniment supérieur à celui des conquêtes dont se glorifie aujourd'hui l'humanité.

S'ils vivaient de nos jours et s'ils étaient en possession de toute leur gloire posthume, James Watt, Philippe de Girard, Joseph Lebon, et tant d'autres héros de l'industrie, seraient sans doute les plus ardents promoteurs et les plus dévoués champions de la création que nous proposons : *la Caisse de Crédit aux Inventions !*

Pourquoi donc, vous, exposants de 1867, vous qui vous êtes placés à la tête des différentes branches de l'industrie du monde ; vous qui vous êtes montrés les émules de ces grands hommes; vous qui vous êtes fait des noms respectés par votre aptitude à les suivre dans la glorieuse voie par eux tracée, — pourquoi ne feriez-vous pas ce qu'ils auraient fait à votre place? Pourquoi ne les suppléeriez-vous pas dans la tâche qu'ils auraient joyeusement acceptée, d'affranchir l'esprit inventif de l'homme des liens séculaires qui, partout, ont paralysé son libre essor !

Prenez votre part dans la création de la *Société de Crédit aux Inventions ;* c'est un digne et noble rôle qu'il vous appartient de remplir. Quant à nous, nous vous suivrons ;

en nous glorifiant d'avoir eu l'honneur de vous indiquer ce but.

XI

Société de Crédit. — Son but.

Société de Crédit. Son but.

A tous les maux, à tous les inconvénients de la situation actuelle, nous ne connaissons qu'un remède : l'*alliance du capital et de l'invention*, sous le patronage et la garantie de la *science*, et voici comment nous entendons l'expliquer.

Il sera formé, à Paris, une Société *anonyme*, au capital de *soixante millions de francs*, divisé en 120,000 actions de 500 francs.

Cette Société sera administrée par quinze ou vingt membres qui seront pris parmi les sommités de la science et parmi les hommes les plus habiles et les plus compétents dans la conduite des affaires industrielles.

Il n'y aura, à cet égard, que l'embarras du choix ; car ils sont nombreux ces administrateurs souverainement habiles et compétents.

La Société a pour but :

1° De commanditer les bonnes inventions, en créant, en dehors d'elle-même, d'autres Compagnies spéciales pour l'exploitation des découvertes qui exigeront un capital important; mais en y prenant, à titre de commandite, un intérêt par la souscription d'une partie, plus ou moins élevée, de ce capital;

2° D'avancer les fonds nécessaires pour la prise des brevets à l'étranger;

3° De donner aux Sociétés d'exploitation un Conseil composé d'administrateurs capables ;

4° D'arrêter l'émigration des inventions et des inventeurs, en donnant la sécurité aux capitalistes français;

5° De vendre les brevets pris à l'étranger;

6° D'assurer aux inventeurs une large part dans les bénéfices de leurs découvertes.

La *Société de Crédit aux Inventions* ne saurait avoir la prétention de suffire, avec son capital de soixante millions, aux besoins de l'industrie brevetée ou non brevetée. Il lui faudrait des centaines de millions pour atteindre ce but; mais, avec une distribution intelligente de son fonds social, elle peut arriver à procurer des sommes importantes, en dehors de celles dont elle disposera, en créant des sociétés pour l'exploitation de beaucoup de brevets réels et utiles.

XII

Mécanisme.

Mécanisme

La *Société générale de Crédit aux Inventions*, gérée par ses administrateurs, aura :

1° Un ingénieur chimiste, et un ingénieur mécanicien, spécialement chargés de l'exécution des travaux d'art nécessaires à la justification des brevets;

2° Un comité scientifique composé d'hommes éminents dans les sciences, qui se réuniront une ou plusieurs fois par semaine, au siége de la Société, pour contrôler les travaux et les expériences des ingénieurs, ce comité fera son rapport définitif sur l'invention proposée à la Société.

Le Conseil d'administration jugera ensuite de l'adoption ou du rejet de la découverte.

On comprendra qu'un brevet douteux se fourvoierait grandement, s'il conservait l'espoir de donner le change à tant d'hommes aussi compétents appelés à en faire l'examen.

Ces savants ont passé leur vie dans l'étude des inventions. Ils ont touché à toutes les découvertes utiles, contemporaines ou anciennes; ils ont aidé à lancer l'industrie théorique dans le domaine de la pratique. En un mot: ils savent tout ce qui a rapport aux progrès industriels.

Un tel jury est une garantie suffisante contre les mauvais brevets.

Nous n'ignorons pas, néanmoins, qu'il existe dans le public d'assez fortes préventions contre les jugements que portent les savants sur les découvertes soumises à leur appréciation.

Nous reconnaissons même que ces préventions ont leur raison d'être, et que trop souvent l'expérience a condamné la science officielle et donné raison aux inventeurs.

Tout ce qui ne vient pas d'un élève de l'école est notamment assez mal reçu de nos ingénieurs officiels.

L'homme spécial ne se dépouille pas toujours assez complétement de ce sentiment instinctif de jalousie dont le cœur humain s'inspire parfois contre tout ce qui ne vient pas de lui ou des siens.

Napoléon Ier, par exemple, s'il n'eût pas nié Fulton, n'aurait peut-être jamais posé le pied sur le funèbre rocher de Sainte-Hélène.

La première invention du télégraphe a été condamnée par notre Académie des sciences.

Un membre célèbre de cette même Académie repoussait hier la télégraphie électrique transatlantique, parce que les fils ne sauraient résister ni à la violence, ni à l'action corrosive de la mer.

Une commission de savants russes se prononçait, il y a quelques années, contre l'emploi des fils aériens soumis à trop d'accidents atmosphériques.

La Société royale de Londres a nié la vaccine et le paratonnerre.

Les hygiénistes du temps de Parmentier s'élevaient contre l'usage de la pomme de terre comme aliment.

Le Tribunal du Saint-Office et la précieuse Académie de Salamanque ont anathématisé l'idée de la sphéricité du globe.

L'école de Cuvier, enfin, protestait, hier encore, contre l'antiquité géologique de l'homme, aujourd'hui démontrée et reconnue.

Si le mérite d'une découverte est nié par un ou plusieurs savants, isolément, soyez certain que la constatation de la vérité n'est à leurs yeux qu'une affaire de second ordre, et qu'ils se rendraient facilement s'ils ne croyaient leur position particulière menacée.

De plus, il faut reconnaître que : ni corps savants, ni aucunes individualités scientifiques n'ont jamais repoussé de parti pris une découverte au succès de laquelle ils eussent été personnellement intéressés.

Or, c'est ici le cas.

Comme les actionnaires de la Société générale, comme son conseil d'administration, tout membre du jury scientifique de la Société, tout expert, est personnellement intéressé à trouver que l'inventeur a dit vrai, car de la justification de l'invention découle une source de fortune à laquelle doivent également se désaltérer l'actionnaire, l'administrateur et le savant. Entre l'inventeur et ses juges, il n'existe aucun motif de rivalité, aucune cause de jalousie, aucun parti pris d'hostilité.

Ni le public, ni les actionnaires, ni l'inventeur, n'ont donc le moindre motif de suspecter la bonne foi du jury d'examen; nul ne saurait s'élever contre l'autorité de ses décisions ni mettre en suspicion la loyauté du vote d'aucun de ses membres.

N'est-ce pas une souveraine raison de confiance. Ce besoin général de justice et de vérité ne doit-il pas faire taire tous les doutes, éteindre toutes les défiances et combler tous les vœux.

Tout ici, tout, jusqu'à l'intérêt du juge, tout sert de garantie à l'impartialité du jugement.

XIII

Traités avec les Inventeurs.

Traités avec les Inventeurs

L'inventeur qui désire trouver des capitaux pour l'exploitation de sa découverte, apporte son brevet à la Société de Crédit, qui signe avec lui une convention provisoire, fixant les conditions auxquelles elle prête son concours et son capital.

Cette convention provisoire ne devient définitive qu'après l'examen de l'invention. Le brevet est examiné dans sa forme, dans sa nouveauté, sa réalité, par un comité spécial.

Il est expérimenté par les ingénieurs attachés à la Société, et contrôlé par le conseil scientifique.

S'il est reconnu sans valeur, comme forme et comme mérite, il est refusé et restitué sans frais au titulaire : le traité provisoire devient nul de plein droit.

S'il est reconnu réel, nouveau et d'une exploitation lucrative, la Société le commandite de tout ou partie des fonds nécessaires à sa mise en valeur.

Dans tous les cas où la Société serait appelée à acheter ou à vendre un brevet, à commanditer un inventeur ou à lui trouver des commanditaires, elle entend lier l'inventeur au sort de son invention en lui conservant, dans l'exploitation de sa découverte, une part d'intérêt qui lui impose l'obligation de contribuer, autant qu'il sera en lui, aux succès de l'entreprise qui aurait pour but de faire application de cette découverte.

Si la Société commandite un inventeur, ou si elle se charge

de lui trouver des commanditaires, elle aura toujours le droit de fixer la part d'intérêt accordée à l'invention par la commandite, et surtout le pouvoir de choisir le gérant de l'entreprise : que ce choix s'arrête sur l'inventeur lui-même ou sur toute autre personne. La Société ne se dessaisira jamais de ce double privilége.

XIV

Garanties offertes par la Société

Aux inventeurs, aux capitalistes, aux actionnaires.

CAUSES QUI ÉLOIGNENT LES CAPITAUX DE L'INDUSTRIE.

Garanties offertes par la Société — Causes qui éloignent les capitaux de l'industrie

On se demande souvent pourquoi le capital semble fuir l'industrie et préfère se lancer dans tous les hasards de la spéculation.

La réponse est simple et facile.

La spéculation fait courir de grands risques, mais elle offre des bénéfices considérables et promptement réalisés.

L'industrie, elle aussi, promet de gros bénéfices, — mais elle les fait attendre quelquefois très-longtemps.

Si l'industrie avait pu se dépouiller entièrement des caractères aléatoires qu'elle présente concurremment avec la spéculation, nul doute qu'elle n'eût été préférée à celle-ci. — Mais il y a tant de mauvais brevets que le capitaliste ne sait pour ainsi dire jamais à quoi il s'engage en s'associant à un inventeur. Une première mise de fonds entraîne à une seconde et, comme l'on a toujours espoir d'obtenir une solution avantageuse et de récupérer ses avances, on est pris comme dans un engrenage où l'on risque de laisser son dernier écu.

Dans l'industrie, le capitaliste sait qu'il a à redouter deux graves écueils. — Il court la chance de placer ses fonds sur un mauvais brevet, puisque aucun ne porte de garantie. — Il sait encore que le brevet, serait-il bon, ses résultats peuvent être anéantis par la concurrence déloyale de la contrefaçon.

Or, la Société de Crédit aux Inventions fait évanouir ces deux épouvantails.

En effet, toute invention expérimentée par la Société, tout brevet acheté ou commandité par elle, porteront, ainsi que nous l'avons démontré plus haut, un cachet de garantie devant lequel s'efface tout caractère aléatoire.

Le capitaliste peut se convaincre que ses fonds ne courent aucun risque en s'associant au sort de l'invention à exploiter. — Il peut calculer d'avance ce que ses propres capitaux feront produire au brevet.

Il doit comprendre que la contrefaçon s'éteindra peu à peu, en raison des difficultés toujours croissantes qu'elle rencontrera lorsqu'elle aura à lutter, non contre des inventeurs isolés et sans ressources, mais bien contre une société douée d'une énorme puissance métallique et jouissant partout d'une influence méritée, car la Société générale de Crédit aux Inventions commencera par établir au centre des huit principales capitales de l'Europe autant d'agences spéciales, à la tête de chacune desquelles seront placés des hommes d'un mérite éprouvé, d'une haute réputation de probité et d'habileté en affaires, et qui, joignant à ces mérites celui de l'indigénat, seront toujours en mesure de repousser victorieusement les tentatives de rapt et de fraude, défendant les intérêts du brevet comme les leurs propres et avec la force que donnent la notoriété, la nationalité et la puissance financière.

Ces deux grands écueils du capital appliqué à l'industrie : incertitude de la valeur intrinsèque du brevet et danger de la contrefaçon seront donc détruits par le fait même de l'existence de la Société générale de crédit. L'industrie offrira désormais aux capitalistes des placements d'une solidité bien supérieure à ceux qu'ils peuvent trouver dans la spéculation, puisqu'ils seront à l'abri de toute chance aléatoire.

XV

Classification des brevets

LEUR RENDEMENT

Classification des brevets — Leur rendement

Nous allons prouver maintenant que le capital doit attendre de l'industrie des bénéfices non-seulement certains, mais encore supérieurs à ceux que la spéculation ne peut lui offrir qu'en les proportionnant aux chances de perte qu'elle lui fait courir.

Les bons brevets, et nous ne nous occupons que de ceux-là, puisque le premier effet de l'existence de la Société générale sera d'empêcher les autres de se produire, en leur refusant tout caractère de garantie, les bons brevets peuvent être rangés en trois catégories, selon l'importance de la découverte qui a rapport à des besoins plus ou moins graves, plus ou moins étendus.

Nous distinguerons donc : 1° le brevet ordinaire ayant trait à une découverte d'une utilité relative et donnant satisfaction à des besoins peu pressants ; 2° le brevet de mérite que comporte une invention d'un usage assez répandu, parce qu'il répond à des besoins généraux et s'adresse à de nombreux consommateurs ; 3° enfin, le brevet de premier ordre, qui repose sur une découverte intéressant l'humanité tout entière, parce qu'elle met à sa disposition un agent naturel insoumis jusque là, et semble doter l'homme d'une puissance nouvelle sur la création.

Le brevet ordinaire, quand il est sagement exploité et soumis à une administration probe et normale, est d'un rendement égal à la valeur du capital engagé. Il donne 100 0/0 de bénéfices.

Le brevet de mérite peut donner depuis 200 jusqu'à 1,000 0/0.

Le brevet de premier ordre donne des résultats exceptionnels, inattendus, et qui ne sauraient être calculés.

Il y a en outre une sorte d'industrie inhérente aux inventions brevetées, qui donne avec certitude et sans faire courir aucun risque des résultats incalculables : c'est le trafic des brevets comprenant la vente à forfait et la cession partielle du droit d'exploitation.

Quelques exemples démontreront mieux que tous les raisonnements du monde l'importance et l'étendue des bénéfices que l'industrie brevetée peut partager avec le capital intelligent appelé à la faire valoir.

Exemples de bénéfices réalisés par l'industrie brevetée.

Exemples de bénéfices réalisés par l'industrie brevetée

BREVETS ORDINAIRES. — Un brevet obtenu pour la composition d'une pâte imitant l'écaille a rapporté à l'inventeur un million de francs. Un brevet pour un nouveau système de fermeture de porte-monnaie a produit deux millions. Le brevet de la machine à coudre a été vendu 2,500,000 fr.; le brevet du rail Vignol a produit à son auteur 3,000,000 fr.

BREVETS DE MÉRITE. — Le brevet Ruolz, pour la dorure et l'argenture des métaux, a rapporté des sommes immenses. Il fait la fortune de mille fabricants depuis qu'il est tombé dans le domaine public.

Le brevet de l'inventeur de la machine à filer le lin, indépendamment des bénéfices qu'il peut donner à ceux qui l'exploitent, a été payé, en Angleterre seulement, 7,500,000 fr.

La galvanisation du fer a rapporté plus de dix millions à M. Sorel, inventeur.

J. Heilmann a également retiré plus de dix millions de l'exploitation de son brevet d'invention de peignes pour les fibres textiles.

BREVETS DE PREMIER ORDRE. — James Watt, quoiqu'il soit resté huit ans sans pouvoir appliquer son admirable invention, en a retiré soixante millions.

Richard Arkwright, l'inventeur de la machine à filer le coton, a fait une fortune colossale de 160,000,000 fr.

VENTE ET CESSION DES BREVETS.

Vente et cession des brevets

Enfin, quand on veut se borner à spéculer sur l'achat, la vente et les cessions de brevets, voici les résultats auxquels on peut atteindre :

Le droit d'exploitation du brevet Ruolz, pour la France seulement, a été vendu 650,000 fr.

Les cessions partielles du brevet Goodyear, pour la vulcanisation du caoutchouc, ont produit 20,000,000 fr.

Le brevet de la machine à coudre, de Howe, a été vendu 2,500,000 fr.

Le chef d'une maison française qui jouit d'une réputation méritée, M. Cail, exploite un brevet relatif à des turbines à force centrifuge appliquées à divers usages, et notamment à la cristallisation des sucres. M. Cail se charge de construire à forfait l'appareil pour les industriels qui achètent le droit de s'en servir. Cette spéculation rapporte chaque année 800,000 fr., et comme la cession est faite pour toute la durée du brevet (quinze ans), elle aura produit à l'expiration de celui-ci une somme de 7 millions.

Enfin, la coulisse Stephenson, qui sert à distribuer la vapeur et permet à la locomotive d'avancer ou de reculer à la volonté du mécanicien, est appliquée, à forfait, à chacune des locomotives pour lesquelles on la réclame. M. Stephenson n'en construit personnellement aucune. Il vend seulement, moyennant 500 fr., le droit de l'appliquer. Elle a été adoptée dans tous les pays. On en compte aujourd'hui quinze mille en service ; c'est donc une recette effectuée de sept millions et demi.

ENSEIGNEMENTS DE LA STATISTIQUE.

Enseignements de la statistique

Ces exemples, que nous craindrions de multiplier, prouvent surabondamment combien est vaste et fertile le champ ouvert aux capitaux par l'industrie.

Nous ne pouvons cependant nous dispenser d'appeler l'attention du lecteur sur le tableau suivant ; c'est un échantillon de statistique qui ne manque pas d'une certaine éloquence.

Nous avons fait connaître, au commencement de cet ouvrage, quelle énorme quantité d'inventions se faisaient breveter annuellement en France et en Angleterre. Veut-on savoir à quelles transactions importantes ces brevets donnent lieu ?

Il est vendu dans la Grande-Bretagne et dans ses colonies, soit partiellement, soit en totalité, trois brevets par jour. C'est neuf cents ventes par an ; la moyenne de ces ventes étant de 125,000 fr., c'est un mouvement annuel de 112 millions 500,000 francs.

En France, il est vendu, en moyenne, quatre brevets par jour, c'est pour l'année 1200 brevets ou licences : le prix moyen n'étant que de 80,000 fr., c'est encore un chiffre de 96 millions de francs d'affaires sur les ventes ou cessions de brevets.

XVI

Importance des ventes de Brevets à l'Etranger.

Importance des ventes de brevets à l'étranger

Mais, ce qui est appelé à donner à la société puissante que nous voulons créer, des profits hors ligne, c'est la vente, à l'étranger, des brevets d'importation.

Là est la véritable mine à exploiter. Là est le secret de la prospérité de la Compagnie.

Les bénéfices d'une bonne invention, en France, tout importants qu'ils puissent devenir, ne sont rien en comparaison de ceux provenant de la vente des brevets à l'étranger, par cette raison bien simple que la vente d'un brevet à l'étranger se multiplie par le nombre des Etats où la Société fera prendre le brevet d'importation.

Eh bien ! il y a vingt Etats qui délivrent des brevets : l'Angleterre, la Hollande, la Belgique, le Danemarck, la Prusse, l'Autriche, la Russie, l'Italie, l'Espagne, le Portugal, la Suède, les Etats-Unis, le Brésil, le Chili, le Pérou, la Nouvelle-Grenade, etc.

La Turquie, l'Egypte, le Maroc, etc., n'accordent pas de brevets, mais délivrent des *firmans* ou priviléges qui confèrent des droits au moins égaux, sinon supérieurs à ceux des brevets.

LA SOCIÉTÉ GÉNÉRALE DE CRÉDIT EST LA MEILLEURE DES AFFAIRES à laquelle on puisse prendre part.

Quel immense champ d'opérations ! quelle spéculation peut faire naître tant et de si légitimes espérances ! Nous n'en voyons pas et nous sommes heureux de pouvoir nous rendre à nous-mêmes ce témoignage, que si notre idée est bien comprise, que si la *Société générale de Crédit aux Inventions* est adoptée par la masse des inventeurs, la spéculation pâlira devant l'industrie, le capitaliste étant obligé de se dire que le brevet garanti donne tout repos, toute certitude ; qu'il est même plus productif que la spéculation la plus habile et la plus ingénieuse, dont on ne peut séparer l'aléa.

Avec la *Société générale de Crédit aux Inventions* nous verrons donc revenir l'argent à l'industrie, car elle seule peut et doit le faire fructifier avec autant de puissance que de sécurité.

Et comme, pour arriver à la constitution de notre Société, nous avons l'avantage de nous adresser à une réunion d'hommes pratiques, ayant un nom dans l'industrie moderne, nous pouvons dire que, grâce à eux, grâce à leur puissant concours, l'industrie sera sauvée par elle-même. — Son sort sera fixé par la volonté des plus notables et des plus méritants des industriels.

Nous permettra-t-on d'ajouter encore, qu'en leur proposant de prendre part à la formation de la Société générale, nous leur offrons la plus honorable et la plus lucrative des affaires. — Ils n'auront pas de peine à le comprendre.

En effet, quoi de plus honorable que d'apporter au capital un faisceau de garanties, qui sera le palladium de sa sécurité. — Quoi de plus lucratif que d'entrer en participation avec l'intelligence et le travail, qui sont les deux sources d'où se répandent le bien-être et la richesse sur le monde entier ?

Or, que se passe-t-il ? — Chaque année voit éclore deux à trois mille inventions nouvelles. — S'il s'en trouve mille de stériles, il y en a mille aussi qui donnent naissance à des brevets ordinaires, il y en a cent qui obtiennent des brevets de mérite et parfois une qui sert de base à un brevet de premier ordre. Tous ces brevets réunis étant sagement exploités produiront des centaines de millions. — En vérifiant ces brevets, en les expérimentant et en les commanditant, la

Société générale acquiert une part d'intérêt dans les bénéfices de chacun d'eux.

Quel sera le total de toutes ces parts bénéficiaires?

Et si la Société achète certains brevets en tout ou en partie, — si elle se met à la tête de la spéculation, qui consiste à vendre ou à céder partiellement le droit d'exploiter ces brevets en France et à l'étranger, où s'arrêteront ses bénéfices? — Ils seront pour ainsi dire sans limites. — Aussi n'essayerons-nous même pas d'indiquer un chiffre, si minime qu'il soit, il ne pourrait manquer de paraître exagéré ; et nous laissons à chacun le soin de méditer sur ce sujet dont la profondeur effraye notre modestie autant que notre imagination.

Ce chiffre, quel qu'il soit, si réduit qu'on veuille le faire, sera toujours assez élevé pour que la participation aux affaires de la Société générale puisse être regardée comme la meilleure des opérations qu'on ait présentées depuis longtemps. — Elle ne peut manquer de rapporter honneur et profit.

Affranchir l'esprit inventif de l'homme de toute entrave, — assurer à jamais la sécurité du capital. — Et, pour prix de cette noble tâche, recevoir sa part des produits de tous les bénéfices acquis par mille industries nouvelles, tel sera le lot des actionnaires de la Société générale de Crédit aux Inventions.

XVII

Abondance des brevets.

Abondance des brevets

Il ne faut pas craindre que les brevets fassent défaut. Il en est pris tous les ans, en France, deux mille cinq cents. — Ils ne manqueront jamais. Ils ne font jamais grève, ceux-là. Il suffirait, du reste, pour s'en convaincre, de feuilleter le livre ouvert au Champ de Mars. On y verrait au moins 30,000 brevetés qui jetteront un immense cri de joie et d'espoir à l'apparition de la Société de Crédit aux Inventions.

Qu'elle rencontre deux ou trois brevets importants par an, sa fortune est assurée.

La vapeur, l'air comprimé, l'électricité n'ont pas dit leur dernier mot. La science n'a pas de limites; et quand elle est sur la trace d'une idée, elle ne l'abandonne que lorsqu'elle a obtenu une solution complète.

La Société de Crédit aux Inventions est en droit d'espérer que ses ingénieurs et son conseil scientifique lui feront acquérir, pour son compte et à son profit, quelques brevets de mérite. Elle saura les rémunérer d'une façon digne et proportionnée au service rendu.

Nous pensons que ce fait se produira souvent.

Nous le répétons donc : La Société de Crédit aux Inventions est destinée à obtenir de grands résultats, elle donnera à l'industrie nationale une impulsion immense.

Mais pour toucher son noble but et jouir de cette prospérité financière, il faut, nous le répétons, confier la gestion de cette Société à des hommes supérieurs, à des hommes moralement haut placés, à de véritables négociants d'élite.

Ils seront les initiateurs d'une institution de crédit qui deviendra l'une des plus utiles et des plus fécondes de l'époque actuelle, en même temps qu'elle tendra une main secourable à des ouvriers inventeurs dignes d'intérêt et jusqu'alors délaissés.

En dehors des profits qu'ils retireront de leurs soins, ils auront la gloire d'avoir attaché leurs noms à la création d'une œuvre éminemment opportune et nationale. Ils recueilleront les remerciements de cette classe d'hommes au cœur chaud et honnête, les inventeurs.

SOUSCRIPTION DES ACTIONS. LEUR SOLIDITÉ.

Souscription des actions — Leur solidité

Répétons-le : il s'attache à cette Société de Crédit une telle présomption de bénéfices, que nous croyons sincèrement à la réalisation de la souscription des actions. C'est peut-être la seule affaire industrielle qu'on soit en droit de présenter aujourd'hui au public souscripteur. Pourquoi ?

Parce que ses actions ne ressemblent à aucune de celles des autres Sociétes industrielles.

Parce qu'elles reposent sur une mine inépuisable et toujours ouverte de grandes inventions.

Parce que les inventions de mérite ne peuvent aller demander ailleurs des capitaux.

Parce que ces actions sont destinées à des hausses incessantes; car l'adoption d'une découverte de premier ordre par la Société de Crédit peut doubler la valeur de ses titres en quelques jours.

Nous insistons sur cette dernière observation.

La Société sera le réservoir des petits capitaux disponibles du pays, parce qu'il y a sécurité absolue pour les actions.

Les actionnaires n'ont rien à redouter des commotions politiques, leur avenir est assuré. Pas un gouvernement ne manquera de les respecter à l'égal des dépôts des caisses d'épargne. En y laissant toucher, il laisserait porter une main sacrilége sur le produit du travail de l'ouvrier-inventeur, et sur l'épargne de l'inventeur lui-même.

Les inventeurs sont nombreux. Ils forment une collectivité imposante de défenseurs et d'avocats convaincus qui vanteront l'institution de toutes leurs forces, et feront une propagande que rien n'arrêtera.

Ils roulent leur rocher de Sisyphe, *la privation*, sans jamais s'arrêter. On les traite comme des parias, ils ont le boulet aux pieds, *la misère*, qu'importe? Ils avancent toujours. Il n'y a pas de temps d'arrêt pour eux. Leur persistance vous en impose et vous gagne.

Nous ne flattons pas l'inventeur, mais nous connaissons l'enthousiasme et l'esprit impressionnable du breveté.

C'est une organisation fébrile et entêtée qui ne recule devant aucune objection, devant aucune difficulté. Jamais la Société n'aura de défenseur plus éloquent ni plus chaud.

Savez-vous pourquoi? C'est parce que, comme l'a dit M. L. Jeannin (*Esprit public* du 12 juin 1863) : « Cette Société de-
» vient l'opération la plus honnête et le placement le plus
» avantageux qu'on ait imaginé, puisque le capital engagé ne
» peut fructifier qu'en enrichissant la masse des producteurs,
» en contribuant largement à la prospérité de l'industrie
» nationale. »

Ainsi, dans cette grande opération financière du *Crédit aux Inventions*, tout est empreint de moralité; honneur et profit se donnent la main et nous permettent de marcher le front et la tête levés.

Nous avons donc la conscience d'avoir entrepris une œuvre utile et nationale. Elle sera surtout fructueuse pour les inventeurs et les exposants de 1867, devenus actionnaires de cette grande entreprise.

BARONNET.

Paris, le 15 avril 1867.

APPENDICE

Nous donnons à la suite de ce travail, ainsi que nous l'avons annoncé plus haut, les copies de la lettre que l'auteur a adressée à la Commission impériale, et des deux réponses qui lui ont été faites.

Paris, le 3 novembre 1866.

A MESSIEURS LES MEMBRES DE LA COMMISSION IMPÉRIALE DE L'EXPOSITION UNIVERSELLE DE 1867.

Messieurs,

Vous avez construit un monument grandiose dans lequel le monde entier va tenir les grandes assises de l'industrie.

36,000 exposants (*il y en a aujourd'hui 42,217*) vont s'installer dans le champ de la Fédération qu'ils tapissent de leurs richesses, où ils vont présenter à quinze millions de visiteurs les merveilles sortant des mains des ouvriers.

Toute préoccupation en dehors de cette fête du travail est ajournée, il n'est question dans tous les pays que de l'Exposition Universelle de 1867.

La grande pensée qui a présidé à cette convocation générale du génie humain est digne de l'admiration de tous, et nous ne dissimulons pas la nôtre.

La Commission Impériale est accablée de travaux; elle ne recule jamais et ne marchande ni ses réunions ni la longueur de ses séances.

Toute proposition est certaine d'être étudiée et approfondie par elle; si elle est jetée au panier, c'est qu'il n'y a pas utilité à l'adopter.

C'est cette sollicitude de la Commission Impériale qui nous encourage à lui proposer un projet de Société que nous avons ajourné depuis 1855. L'Exposition de 1867 le ramène sur le tapis, et lui donne son cachet d'opportunité.

Le voici très succinctement extrait d'un travail complet que nous demandons à soumettre à un délégué de la Commission, qui lui en fera un rapport afin d'abréger la discussion en conseil.

Il manque une chose capitale à l'Exposition Universelle de 1867, c'est la *création d'une grande Société de Crédit en faveur des Inventions.*

Nul plus que nous n'applaudit à la sollicitude et aux sacrifices de la Commission Impériale pour les ouvriers qu'elle appelle, à grands frais, à visiter et étudier l'Exposition; mais il est une catégorie d'ouvriers qu'elle ne peut oublier; c'est celle des inventeurs. Si les ouvriers travailleurs sont les pionniers de l'industrie, les inventeurs en sont les poètes. Sans ces hommes de génie qui cherchent et trouvent les secrets de la nature, que deviendrait le travail manuel des ouvriers?

Aucune classe de la société ne mérite à un plus haut degré la bienveillance de la Commission; c'est à ces piocheurs de l'idée que la France doit la gloire commerciale qui la place au premier rang des nations industrielles.

La situation fâcheuse qui est faite aux inventeurs sans fortune par la spéculation les prive du fruit de leur labeur. Les capitalistes profitent de la pénurie du breveté pour s'emparer de sa découverte. Les neuf dixièmes des bonnes inventions passent entièrement aux mains des spéculateurs, au préjudice des malheureux inventeurs.

Que devait être l'inventeur en industrie? Tout.

Qu'est-il dans les résultats? Rien.

A qui l'industriel doit-il sa fortune? A l'inventeur.

A qui le capitaliste ferme-t-il sa bourse? A l'inventeur.

Il y a une plaie à cicatriser. A qui cette mission incombe-t-elle? A la Commission Impériale. Par sollicitude ou par pitié, il faut qu'elle sauve les inventeurs de la misère et du désespoir.

Pour atteindre ce but, il faut créer une grande caisse où l'inventeur viendra puiser le capital, si sa découverte est bonne, mais qui se trouvera fermée pour lui si son invention ne vaut rien.

Un comité de savants et de praticiens fera l'étude, sous toutes ses faces, de l'invention, en proposera l'adoption ou le rejet.

La Société anonyme n'exploitera aucune industrie brevetée ou non brevetée, elle se bornera à la commandite. Elle prendra une part des bénéfices et laissera l'autre à l'inventeur qui restera attaché à son brevet.

Comme l'inventeur n'est presque jamais un bon administrateur, la Société lui adjoindra un gérant pratique et rompu aux affaires, la condition du succès d'une industrie étant presque toute dans le choix d'un administrateur capable. Tant vaut l'homme, tant vaut la chose.

Un bon administrateur, une bonne invention et de l'argent, voilà donc les trois conditions de prospérité d'une affaire industrielle.

Cette Société est destinée à faire d'immenses bénéfices, et conséquemment à ramener chez les capitalistes la confiance qu'ils ont un peu perdue dans les inventeurs. L'invention a beau être bonne, si l'inventeur est un homme processif et de mauvaise foi ou inhabile dans la gestion, l'invention est perdue, et le capital dévoré. Il faut bien le dire, beaucoup d'inventeurs ont légitimé la timorité du capital à l'endroit des brevets d'invention.

L'absence d'une caisse spéciale de crédit aux inventions est une lacune déplorable en France. Il n'en existe pas une seule dans aucun pays.

Il est temps de sauver de la misère, ces ouvriers de la pensée, ces généraux de l'industrie, et de les protéger contre l'usure et l'exploitation du capital.

Il est temps d'arrêter l'émigration de nos meilleurs brevets qui s'en vont, à l'étranger, chercher des capitaux qu'en France on leur refuse, souvent par ignorance, plus souvent par trop d'âpreté au gain. Qui pâtit de cette émigration ? Le travail national. Sur dix brevets pris à Londres, il y en a cinq qui viennent de Paris. Nous ne pouvons continuer d'assister les bras croisés à cette expatriation de nos meilleurs brevets.

Mais si nous sommes désireux de sauvegarder les intérêts de l'inventeur, nous devons en faire autant en faveur du capitaliste, en lui donnant la sécurité pour l'emploi de son argent, en lui garantissant un examen approfondi de la découverte brevetée, en lui procurant des administrateurs capables et soucieux du bon emploi du capital. Egal sera le service rendu au bailleur de fonds et à l'inventeur.

Nous supplions donc la Commission Impériale de prendre en main cette grande institution de crédit, qui deviendra un puissant levier gouvernemental entre ses mains, et d'en ouvrir la souscription au palais du Champ-de-Mars, sous son patronage et même sous sa direction, en lui nommant un conseil d'administration.

La souscription est certaine, inévitable et forcée, et sera faite en quelques jours. Il y a tous les éléments pour le succès : le haut patronage, les grands noms financiers, les exposants, etc. Il n'est pas besoin de créer des lots de tirage au sort pour celle-là.

En admettant une moyenne de deux actions souscrites par les

36,000 exposants, dont plus de 30,000 sont brevetés, on aura à 500 francs par action, une souscription de...... 36.000.000

Le public spéculateur en souscrira autant, au moins, parce que la prime, avant la souscription, est certaine...... 36.000.000

Total...... 72.000.000

On n'appellerait que 50 francs par action, qui seront suffisants pour les premières opérations. Le surplus sera appelé par dixième au fur et à mesure des besoins.

On prélèvera, sur les premiers versements, 500,000 francs pour être employés à atteindre le but si noble que la Commission s'est proposé en instituant le comité du dixième groupe, en faveur des ouvriers. Ce prélèvement sera restitué à la Société par la retenue de 5 0/0, qui sera faite tous les ans sur ses bénéfices nets, pour former une réserve, dont moitié sera placée pour réaliser cette heureuse inspiration de la Commission Impériale aux expositions futures.

L'auteur de ce travail a fait soumettre la même idée, à la fin de 1855, à l'Empereur, qui, dans une longue audience, l'a examinée et si favorablement accueillie qu'il promit un décret pour rendre la Société anonyme à son début.

Nous présentons à la Commission Impériale le fruit de notre travail et de notre expérience depuis vingt ans, nous serons heureux qu'elle lui donne la vie qu'elle ne pouvait recevoir de notre infériorité.

En créant cette Société, la Commission Impériale peut compter sur un concert d'acclamations et de remercîments de la part des inventeurs, des industriels et des ouvriers. Ce sera le couronnement de l'œuvre de 1867. Et nous osons ajouter que, si la Commission ne protége pas, par un moyen quelconque, cette institution de crédit, la pensée qui a présidé à l'Exposition de 1867 sera incomplète.

Dans le cas où la Commission Impériale, retenue par un sentiment que nous respectons, hésiterait à patroner officiellement une affaire industrielle spéciale, qui dépasserait le but de son institution, nous la supplions de considérer que cette Société de crédit est une opération qui fait corps avec l'Exposition de 1867 et qui en est l'assimilation.

Il n'est pas un seul, des 36,000 exposants, dont l'industrie ne repose sur un brevet, existant encore ou périmé; mais enfin tous sont ou ont été brevetés. Tous, sans exception, acclameront la fondation de la Société, qui sera la planche de salut des inventeurs présents et futurs. Ils en seront les avocats les plus ardents et les plus chaleureux.

La presse, saisie de ce projet, en criera les bienfaits par-dessus les toits et en réclamera l'application.

Si cependant, et contre notre attente, la Commission Impériale voulait conserver la neutralité, nous lui demandons d'accorder au groupe de capitalistes que nous représentons, un emplacement dans le Champ-de-Mars pour y construire un bureau et ouvrir la souscription à nos frais.

Nous la supplions, de plus, de consulter l'Empereur sur cette idée. L'accueil qu'elle a reçu de lui en 1855, nous est un sûr garant qu'il conseillera à la Commission Impériale de la protéger dans les limites de ses pouvoirs, car elle est une institution nationale et internationale.

Que si la Commission Impériale, rigide dans son principe d'abstention, déclinait sa protection directe ou indirecte, les exposants et les inventeurs y verraient une fin de non-recevoir de sa part, à tort, cela est vrai, mais enfin ce refus les replongerait dans les inquiétudes et dans les misères du passé.

Nous avons une foi absolue dans la sollicitude de la Commission impériale pour les malheureux inventeurs, et nous croyons fermement qu'elle donnera protection à notre projet, qui est purement philantropique de notre part.

Nous résumons enfin notre pensée : l'Exposition de 1867, sans la création de cette institution de Crédit, serait un corps sans âme.

Veuillez, etc.

BARONNET.

Notre demande ne fut pas accueillie. La Commission Impériale l'a éludée. Elle a décliné sa protection.

La pensée qui nous avait guidé était toute philantropique, cependant, et toute en faveur des inventeurs. Nous l'avons répété sur tous les tons au secrétaire de M. Le Play, commissaire général.

Nous avons reçu des compliments sur l'idée, sur le travail que nous avons remis, mais c'est tout. Point de concours, point de protection.

Nous nous sentions affligé de cette indifférence de la Commission, nous qui avions cru qu'elle allait prendre en main elle-même directement une cause si pleine d'actualité et si intéressante à défendre.

Nous nous sommes trompé, la Commission Impériale, retenue par un scrupule qu'il faut respecter, a refusé son patronage.

Voici sa lettre :

EXPOSITION UNIVERSELLE DE 1867.

COMMISSION IMPÉRIALE.

Paris, le 15 janvier 1867.

« Monsieur Baronnet,

» J'ai reçu la lettre par laquelle vous proposez de créer à l'Exposition universelle de 1867, une Société de Crédit pour les Inventeurs.

» J'ai l'honneur de vous informer que, depuis longtemps déjà, la Commission Impériale a décidé par une mesure générale de n'accorder directement ni indirectement son patronage à aucune mesure de cette nature.

» Recevez, etc.

» *Le conseiller d'Etat, commissaire général,*

» LE PLAY. »

Ce refus ne pouvait nous arrêter, ni nous faire renoncer à la poursuite de l'idée.

Nous avons donc formé une seconde demande, et voici la deuxième réponse qui nous a été faite :

EXPOSITION UNIVERSELLE DE 1867.

COMMISSION IMPÉRIALE.

Paris, le 31 janvier 1867.

« Monsieur Baronnet,

» J'ai reçu la lettre dans laquelle vous me demandez un emplacement dans l'enceinte de l'Exposition, pour y établir un bureau destiné à l'ouverture d'une souscription en faveur des inventeurs.

» J'ai l'honneur de vous rappeler que la Commission Impériale, ainsi que je vous en ai déjà informé dans ma précédente lettre, a décidé de n'accorder spécialement son patronage à aucune entreprise de cette nature. Il ne reste d'ailleurs plus à cette époque aucun emplacement disponible.

» Recevez, etc.

» *Le conseiller d'Etat, commissaire général.*

» Signé : LE PLAY. »

Etait-ce une fin de non-recevoir contre le projet? nous n'avons pas osé le penser.

L'idée paraissait, aux personnes attachées à la Commission Impériale qui ont pris connaissance du travail, tellement pleine d'actualité et palpitante d'intérêt, que nous avions cru trouver un écho bienveillant dans la Commission.

Etait-ce une fin de non-recevoir contre l'auteur du projet? Peut-être. Il lui aurait fallu sans doute une grande position sociale et pécuniaire pour être écouté.

Fallait-il laisser mourir l'idée et enterrer le projet?

Fallait-il s'incliner devant le scrupule de la Commission Impériale, scrupule poussé à l'extrême, selon nous?

Non, l'auteur se devait à lui-même de lutter pour arriver à la propagation d'une idée qu'il croit féconde en résultats pour les inventeurs et pour l'industrie.

Il s'est souvenu de la lutte qu'il avait soutenue pendant deux ans, contre des hommes pratiques néanmoins, avant de faire adopter par la ville de Paris son système des *Bons-de-Délégation*, si économique pour elle, et qui la dispense désormais de contracter des emprunts onéreux, il s'est vu repoussé même par des conseillers municipaux; mais, aussitôt que M. Haussmann eût pris connaissance du mémoire qui lui fut présenté au nom du créateur du système par un honorable sénateur, il n'a pas hésité à adopter la combinaison financière, et voilà pour plus de 200,000,000 de francs de travaux que la ville fait faire par ce système des *Bons-de-Délégation*. (Nous avons sous presse une brochure complète sur cette combinaison créée par nous en 1862.)

M. le Préfet de la Seine, dans son haut jugement, n'a pas fait défaut à l'idée; il a vu de suite qu'elle était simple, économique et applicable, et que les emprunts onéreux dont les titres chargeraient le marché avaient fait leur temps.

Qu'on nous permette cette digression, qui paraît n'avoir rien à faire dans ce travail, mais cette réminiscence du succès des bons de délégation nous a soutenu et encouragé à continuer nos efforts en faveur des inventeurs.

C'est alors que nous avons proposé à deux hommes honorables entre tous, et très-compétents, M. Girard, banquier, et M. J. Vaudaux, ancien banquier, de se joindre à nous pour arriver au succès.

Dans une entrevue obtenue d'un honorable Sénateur, l'auteur a reçu l'accueil le plus sympathique.

Le 14 mars 1867, ce bienveillant appréciateur de l'idée, se chargea de pressentir l'Empereur sur le projet. — Celui-ci s'est souvenu que l'idée lui avait été communiquée en 1855, et, comme en 1855, l'Empereur s'est montré favorable au projet.

Dès lors, MM. Girard et Vaudaux, nous prêtant le concours de leur journal financier, nous avons fait étudier la question à nouveau, et nous pouvons dire aujourd'hui qu'un Conseil d'administration composé d'hommes éminents versés dans la pratique des affaires, est en voie de formation.

Echec ou succès, nous aurons fait notre devoir en nous adressant en dernier ressort à MM. LES EXPOSANTS DE 1867, mais, quoi qu'il advienne, soyez certains, inventeurs, que l'idée ne sera pas perdue pour vous.

Que d'autres plus heureux et plus puissants s'en emparent et la réalisent dans votre intérêt, nous en serons heureux.

BARONNET.

SOCIÉTÉ ANONYME

(PROJET)

EXTRAIT DES STATUTS.

TITRE PREMIER.

Fondation de la Société. — Son objet. — Sa dénomination. — Sa durée. — Son siége.

ARTICLE PREMIER.

Les comparants forment, par ces présentes, sauf l'approbation du gouvernement, une Société anonyme qui existera entre tous propriétaires des actions ci-après.

ARTICLE 2.

La Société a pour objet : 1° de procurer des capitaux pour l'exploitation des inventions et découvertes brevetées ou non brevetées, et aux industries qui s'y rattachent ;

2° D'acquérir à forfait ou en participation de bénéfices, les inventions ;

3° De prendre pour son compte, ou en participation avec les inventeurs, des brevets en France et à l'étranger, de les vendre en tout ou partie, en cédant des licences ;

4° De former des sociétés spéciales pour l'exploitation des inventions ; d'y prendre une part d'intérêts avec ou sans mise de fonds de sa part.

ARTICLE 3.

La Société prend la dénomination de *Société générale de Crédit aux Inventions*.

ARTICLE 4.

La durée de la Société est de 50 ans, à partir du décret d'autorisation.

Son siége et son domicile social sont fixés à Paris.

TITRE II.

Fonds social — Actions. — Versement.

ARTICLE 5.

Le fonds social est fixé à 60,000,000 de francs.

Il se divise en 120,000 actions de 500 francs chacune.

40,000 actions sont actuellement émises.

Les 80,000 autres le seront ultérieurement, en tout ou partie, sur la décision du Conseil d'administration.

Les nouvelles actions ne peuvent être livrées au-dessous du pair.

Les 40,000 actions présentement émises sont réparties entre les souscripteurs dans les proportions suivantes :

MM...

ARTICLE 6.

Les porteurs d'actions antérieurement émises ont un droit de préférence, dans la proportion des titres par eux possédés, à la souscription au pair des actions à émettre.

Ceux d'entre eux qui n'ont pas un nombre d'actions suffisant pour en obtenir au moins une dans la nouvelle émission, peuvent se réunir pour exercer leur droit.

Le Conseil d'administration fixe les délais et les formes dans lesquels le bénéfice de ces dispositions peut être réclamé.

ARTICLE 7.

Le montant des actions est payable, savoir :

Un dixième en souscrivant ;

Un second dixième dans le mois qui suit le décret d'autorisation.

Et les huit dixièmes suivant les besoins de la Société et conformément aux appels faits par le Conseil d'administration.

Il sera donné un récépissé nominatif des deux premiers dixièmes.

ARTICLE 8.

Après le versement des cinq premiers dixièmes, le titre définitif de l'action est remis au souscripteur.

Le titre au porteur ne peut être délivré qu'après le versement intégral du montant de l'action.

TITRE III.

ARTICLE 19.

La direction, l'administration et la surveillance des affaires de la Société Générale de Crédit aux Inventions, sont confiées à un Conseil d'administration et à un Comité de censure.

Les Administrateurs sont au nombre de 15; leurs fonctions durent cinq années. Ils sont élus par l'Assemblée générale des actionnaires.

ARTICLE 30.

Les Administrateurs nommeront un comité d'exécution composé de cinq membres. Ce comité recevra une rémunération dont le chiffre sera fixé par l'Assemblée générale des actionnaires.

Les Administrateurs reçoivent des jetons de présence dont le prix est fixé également par l'Assemblée générale.

ARTICLE 33.

Les produits nets, déduction faite des charges, constituent les bénéfices.

Sur ces bénéfices on prélève annuellement :

1° 5 0/0 pour les intérêts du capital émis ;

2° 5 0/0 pour le fonds de réserve.

Ce qui reste est réparti dans la proportion d'un dixième pour les administrateurs et de neuf dixièmes pour les actions.

L'administrateur dépose dans la caisse de la Société quarante actions qui restent inaliénables pendant la durée de ses fonctions, etc.

Les autres articles sont, en général, les mêmes que ceux de toutes les sociétés anonymes, et concernent la réglementation de l'administration, des assemblées générales, des inventaires, etc., etc., etc.

PARIS. — Imprimerie SERRIÈRE et Cᵉ, 123, rue Montmartre.

www.ingramcontent.com/pod-product-compliance
Ingram Content Group UK Ltd.
Pitfield, Milton Keynes, MK11 3LW, UK
UKHW022131170726
13837UKWH00003B/1483